设 计 速 递

DESIGN CLASSICS

宴遇空间——餐饮专辑

RESTAURANT SPACE

● 本书编委会 编

中国林业出版社

图书在版编目（ＣＩＰ）数据

宴遇空间：餐饮专辑 / 《宴遇空间》编写委员会编写. -- 北京：中国林业出版社, 2015.6
（设计速递系列）

ISBN 978-7-5038-8012-4

Ⅰ.①宴… Ⅱ.①宴… Ⅲ.①饮食业－服务建筑－室内装饰设计－图集 Ⅳ.①TU247.3-64

中国版本图书馆CIP数据核字(2015)第120880号

本书编委会

◎ 编委会成员名单

选题策划：金堂奖出版中心
编写成员：董　君　　张　岩　　高囡囡　　王　超　　刘　杰　　孙　宇　　李一茹
　　　　　姜　琳　　赵天一　　李成伟　　王琳琳　　王为伟　　李金斤　　王明明
　　　　　石　芳　　王　博　　徐　健　　齐　碧　　阮秋艳　　王　野　　刘　洋
　　　　　朱　武　　谭慧敏　　邓慧英　　陈　婧　　张文媛　　陆　露　　何海珍
整体设计：张寒隽

中国林业出版社 · 建筑分社
策　　划：纪　亮
责任编辑：李丝丝　王思源

出版：中国林业出版社
（100009 北京西城区德内大街刘海胡同 7 号）
http://lycb.forestry.gov.cn/
E-mail: cfphz@public.bta.net.cn
电话：(010) 8314 3518
发行：中国林业出版社
印刷：北京利丰雅高长城印刷有限公司
版次：2015年8月第1版
印次：2015年8月第1次
开本：230mm×300mm, 1/16
印张：12
字数：100千字
定价：199.00元

鸣谢

因稿件繁多内容多样，书中部分作品无法及时联系到作者，请作者通过出版社与主编联系获取样书，并在
此表示感谢。

CONTENTS
目录

Restaurant

动手吧	DONGSHOUBA RESTURANT	•	002
神户日本料理	KOBE,JAPAN	•	006
雪坊优格	SNOW FACTORY	•	010
苏浙汇·王府井店	JARDIN DE JADE (WANG FU JING)	•	014
云鼎汇砂丹尼斯·天地店	FRNTRSTIC CRSSEROLE	•	020
轻井泽锅物 台南店	KARUISAWA RESTAURST TAINAN BRANCH	•	026
扬州东园小馆	YANGZHOU DONGYUAN XIAOGUAN RESTAURANT	•	030
北京丽都花园罗兰湖餐厅	Blue Lake Restaurant Architectural Landscape & Interior	•	038
北京侨福芳草地小大董店	Xiao Daodong Roast Duck Restaurant 044	•	044
葫芦岛食屋私人餐厅	food house	•	050
烟台九十海里新派火锅	YanTai Ninety nm new hotpot	•	058
长临河 – 徐州淡水渔家	Long Kanawha – Xuzhou freshwater fishing	•	066
同楽	With joy	•	072
宁静致远	Silence makes distance	•	078
露会所	Lu Chamber	•	086
淮上豆腐酒店	Huaishqngdoufujiudian	•	092
印象村野	G-CLUB	•	098
咔法天使咖啡厅	caffangel	•	104
六瑞堂原味餐馆	Six rendon flavor restaurant	•	110
南京六朝御品	LIUCHAOYUPIN	•	114
元莱美食尚餐厅	Yuan Lai Food still Restaurant	•	118
吾岛·融合餐厅	WU Dao	•	124
茶马天堂	THAI CUISINE	•	130

CONTENTS
目录

Restaurant

合肥小米餐厅	Hefei millet Restaurant	•	136
天意小馆	Tianyi small pavilion	•	142
一百家子拨面	One hundred subsidiary dial face	•	148
宴火餐厅	Yan fire Restaurant	•	152
努力餐	NU LI CAN RESTAURANT	•	158
书语坊餐吧	Book Language square meal	•	164
721 幸福牧场	721 Tonkatsu Restaurant	•	170
眉州东坡酒楼 —— 苏州万科美好广场店	Meizhou Dongpo Restaurant,Vanke Midtown,Suzhou	•	174
香榭印象精致铁板烧时尚餐厅	tiebanshao	•	182
一丘田杨梅庄园温室餐厅	Yi Qiu Tian Yang Mei manor greenhouse Restaurant	•	190

Catering

餐饮空间

动 手吧
Dongshouba Resturant

神 户 日 本 料 理
KOBE.JAPAN

雪 坊 优 格
SNOW FACTORY

苏 浙 汇 · 王 府 井 店
Jardin De Jade (Wang Fu Jing)

云 鼎汇砂丹尼斯 · 天地店
FRNTRSTIC CRSSEROLE

轻 井 泽 锅 物 台 南 店
KARUISAWA
RESTAURST TAINAN BRANCH

扬 州 东 园 小 馆
YANGZHOU DONGYUAN
XIAOGUAN RESTAURANT

北 京丽都花园罗兰湖餐厅
Blue Lake Restaurant Ar
chitectural Landscape & Interior

北 京侨福芳草地小大董店
Xiao Daodong
Roast Duck Restaurant

葫 芦岛食屋私人餐厅会所
food house

动手吧
DONGSHOUBA RESTURANT

项目名称 _ 动手吧餐厅 / **主案设计** _ 沈雷 / **参与设计** _ 孙云、杨国祥、潘宏颖 / **项目地点** _ 浙江省杭州市 / **项目面积** _300 平方米 / **投资金额** _240 万元

A **项目定位** Design Proposition
完美不只是控制，还包括释放。

B **环境风格** Creativity & Aesthetics
动手吧告诉你，每个人都拥有破茧成蝶的能力。

C **空间布局** Space Planning
突破牵绊，以一颗不变的谦卑内核，留下印记。

D **设计选材** Materials & Cost Effectiveness
钢铁机械时尚。

E **使用效果** Fidelity to Client
业态与设计新颖，轰动全城。

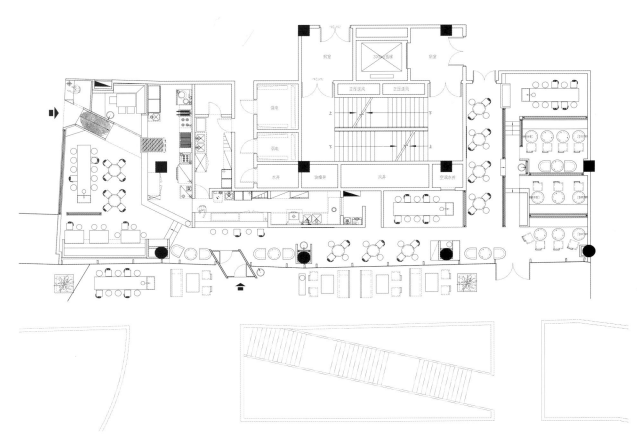

一层平面图

神户日本料理
KOBE.JAPAN

项目名称 _ 神户日本料理 / **主案设计** _ 孙洪涛 / **参与设计** _ 朱晓龙 / **项目地点** _ 吉林省吉林市 / **项目面积** _600 平方米 / **投资金额** _160 万元 / **主要材料** _ 竹子、和纸、橡木、仿古砖、硅藻泥墙面肌理涂料

A 项目定位 Design Proposition

神户日本料理是在吉林世贸万锦酒店内的一家特色餐饮店。餐饮主要经营定位是铁板烧和日本料理。

B 环境风格 Creativity & Aesthetics

本设计空间运用竹子和古木建筑结构元素，把古建筑的"古朴"元素用在室内空间，表现古建筑"本真"的木结构美。

C 空间布局 Space Planning

本设计以"融合"文化为核心。"融合"是思想的碰撞，新潮元素与传统元素以及文化的融合，体现既是中式的又是日式的，更是世界的。

D 设计选材 Materials & Cost Effectiveness

通常这种手法都会强调两种特质的冲突与对比的统一，具体现在材料的精心选用，适度空间的比例，以及灯光氛围的营造。在本案设计中都一一体现在每个细节里。

E 使用效果 Fidelity to Client

客户非常满意。

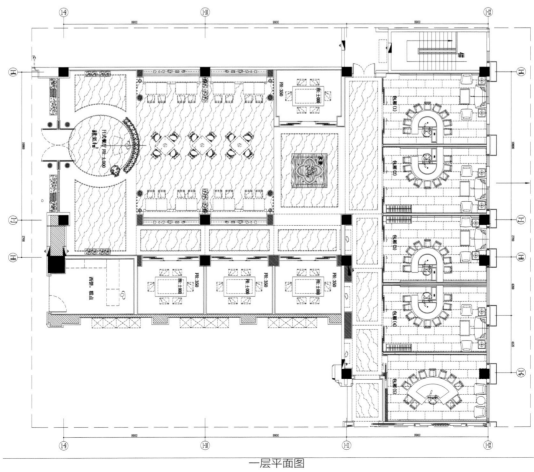

一层平面图

雪坊优格
SNOW FACTORY

项目名称 _ 雪坊优格 / **主案设计** _ 任萃 / **参与设计** _ 任萃 / **项目地点** _ 台湾台北市 / **项目面积** _44 平方米 / **投资金额** _60 万元 / **主要材料** _ 雪坊优格

A 项目定位 Design Proposition
《出埃及记》三章八节:"我下来要救他们脱离埃及人的手,领他们从那地出来,上到美好、宽阔、流奶与蜜之地,就是到迦南人、赫人、亚摩利人、比利洗人、希未人、耶布斯人的地方。"

B 环境风格 Creativity & Aesthetics
座落于台北大安街区,澄净落地玻璃店面映照着来往人群,对比于建体黑色素铝板,一缕白色纯洁的跃然而出,令人联想柔软倾倒、甜香四溢,几个世纪以来众人缱绻着迷的乳制品,不禁使人带动一抿舌唇的嗜甜反射动作。而 Snow Factory 不锈钢字体镶嵌其上,舌唇的甜美记忆就在此处待你追寻,就在此处待你进入那美好传说中流奶与蜜之地。

C 空间布局 Space Planning
大片门扉以黑铁框条嵌入强化清玻璃,亲切且不排拒任何人追寻甜美的造访,其清澈投影一如店家自豪的优格产品,其悉心制作以致拥有镜面般的凝固质地。

D 设计选材 Materials & Cost Effectiveness
推开门,宛如进入了优格白色纯滑的世界,缤纷色彩的严选高级水果在跳舞着,在纯白浓郁的空间中鼓 着,以纯白人造大理石打造的柜台此刻慵懒的跃升,闪耀其钢烤白漆的雍容光泽,此刻玻璃柜熠熠闪耀的是那甜美、浓香的,在最初即承诺给予的纯净甜美。这在最初据说都是追寻着纯净的美好。

E 使用效果 Fidelity to Client
店内装置了英国真空管扩大机,搭配奥地利的黑胶系统与扬声器,在台北惯常雷阵雨后的午后,在推开门 Snow Factory 那一 那你会听见那 78 转逐渐遭人遗忘粗嘎却温暖而甜馨的乐声。

SNOW FACTORY

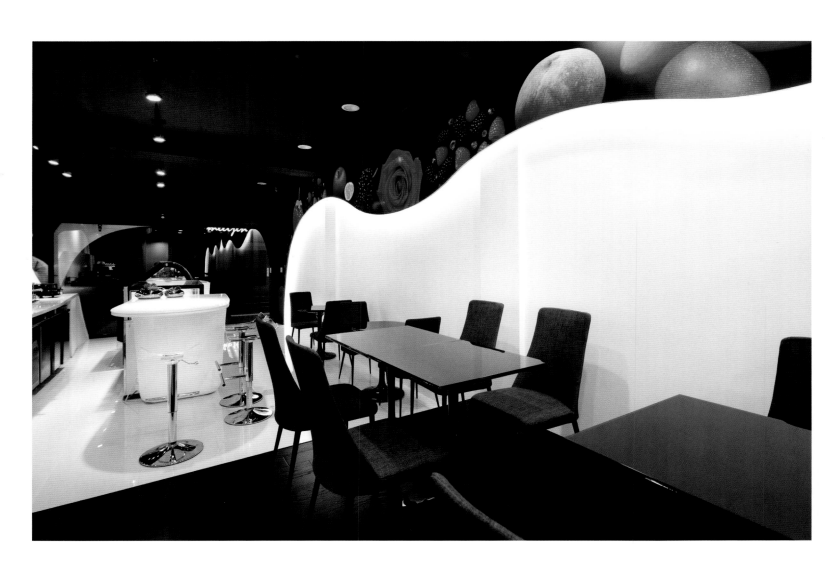

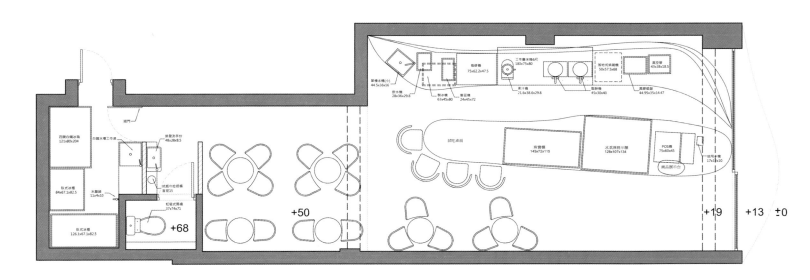

西菜白腸冰箱
121x80x204

白鐵水槽工作桌

掛壁洗手台
48x28x8.5

臥式冰櫃
84x67.1x82.5

水龍頭
11x4x10

拭紙巾收納桶
直徑15

臥式冰櫃
126.1x67.1x82.5

嵌鑲式黑檯
37x74x71

+68

+50

蒸櫃水槽(小)
44.5x36x16

防水箱
28x36x29.8

製冰機
63x45x80

蒸豆機
24x45x72

咖啡機
75x62.2x47.5

工作臺冰箱6尺
180x75x80

果汁機
21.6x38.6x29.8

落地式茶葉機
50x57.5x68

真空管
43x38x18.5

剝粉機
45x30x40

美膚磁盤
44.95x35x14.47

試吃桌面

炒醬機
145x72x115

冰淇淋展示器
128x107x134

POS機
75x60x45

試用手機
17x18x10

商品展示台

+19 +13 ±0

一层平面图

苏浙汇·王府井店
JARDIN DE JADE (WANG FU JING)

项目名称 _ 苏浙汇·王府井店 / **主案设计** _ 史毅晶 / **项目地点** _ 北京市东城区 / **项目面积** _ 1600 平方米 / **投资金额** _ 1500 万元 / **主要材料** _ 皇家金坛大理石、玻璃、黑拉丝不锈钢、墙纸、必美 - 比利时强化地板、天然木

A 项目定位 Design Proposition

我们在脑海里一直计划能设计一个与众不同却充满中国文化底蕴的抽象艺术的饮食空间。通过对市场定位以及以北京当地传统中国文化为基础，实以时尚理念与传统文化的结合手法体现出新东方文化的餐饮空间。

B 环境风格 Creativity & Aesthetics

整个设计概念灵感源自于中国山水画之泼墨艺术。

接待台以巨型中国抽象书法画为表现手法，配合一排排以毛笔造型为设计灵感的装饰吊灯，把接待及酒吧两者融为一体，成为整个餐厅之中心及亮点。接待处一侧是酒库及等候区，白色大理石墙犹如流水行云之势，盆景及天然大树木材为摆设及座椅的运用，把中式园林引进室内。

餐区正中主题墙是整个设计理念的灵魂。主题墙分两个层次部分组成，后面是一幅纯白色巨大毛笔造型内凹立体墙，秉承了国画的留白艺术，把色彩投影到前面一组抽象泼墨画玻璃屏风上，半通透屏风在灯光投射下透影出背面的立体造型，两者的结合运用体现了中国文化讲究虚实相生，景物相透的造型理论，不但调弄出氤氲山水之气，更把中国传统艺术以崭新的设计手法融汇结合，展现眼前。

C 空间布局 Space Planning

餐厅主要以半遮半掩的开放式用餐区及十多间私密包厢组成，此灵活布局提供予客人不同需要的餐饮环境。位于入口大屏风背后是半遮半掩的开放式餐区。店面以黑色金属窗花格及艺术玻璃相结合的半通透大屏风及生生不息的流动发光水池把外界与室内巧妙地分隔开，不但开阔了餐厅内的视野，增加了空间的透视和层次感，更改善了建筑本身矮层高的结构缺陷。正对大门入口是精心设计的接待与酒吧一体的服务空间。

D 设计选材 Materials & Cost Effectiveness

色彩运用方面以黑白为背景，彩蓝和翠绿色泼墨为点睛，再采用适量天然木材和灯光效果，令整个空间布局及氛围呈现出全新的现代东方生活与美学心灵的餐饮艺术文化。

E 使用效果 Fidelity to Client

集时尚，传统文化，艺术渲染及舒适为一体的新中式餐饮空间为顾客提供了优质的用餐环境和服务，宾至如归的同时更丰富了内在的美学心灵。

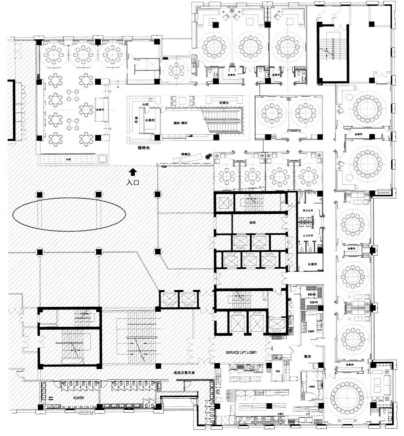

一层平面图

云鼎汇砂丹尼斯·天地店
FRNTRSTIC CRSSEROLE

项目名称 _ 云鼎汇砂丹尼斯·天地店 / **主案设计** _ 孙华锋 / **参与设计** _ 胡杰、赵彬彬、麻美茜 / **项目地点** _ 河南省郑州市 / **项目面积** _ 280 平方米 / **投资金额** _ 50 万元 / **主要材料** _ 石材、乳胶漆

A 项目定位 Design Proposition

由于到云鼎汇砂来的大多是家庭用餐或朋友小聚，设计理念既不可太超前又不可过于传统，所以我们从日常生活入手，找到了一些灵感，确定了设计理念：用常见的普通材料做装饰，引发人们对时光的眷恋之情。

B 环境风格 Creativity & Aesthetics

整个就餐空间以黑红为主色调，给人以清凉静谧之感，一如它的名字，透着几分神秘。

C 空间布局 Space Planning

现代的室内空间，在经历过所谓的奢华，简约欧陆之后，亲切质朴的令人容易接近的空间才是人们真正想去的地方，最普通的材料，最简洁的手法，最有效的布局才能更好的服务于顾客、服务于经营。本案我们采用钢筋做成"雨后彩虹"，但在钢筋、砖瓦之中，每个店又都有不同主题的、反映城市变迁的照片和绘画穿插其中，希望客人在就餐之余能有所念想。

D 设计选材 Materials & Cost Effectiveness

螺纹钢筋有序的排列，工业感十足，"洒上"鲜艳的色彩，打造出"雨后彩虹"般的梦幻空间。 老旧木头之中镶嵌着被遗弃的啤酒瓶，以强烈的灯光来突出玻璃的空灵，翠绿与深绿交错，组合的不只是纯粹的色彩美学，还有对客人善意的提醒，应该怀有一颗发现美的心。

E 使用效果 Fidelity to Client

云鼎汇砂投入运营后很快就有一大批食客集结而来，吸引人的不仅是它动态展示的烹饪过程、独家秘制云汁和适合每个人口味喜好的选择，还有独特的设计风格，让人就餐之余，心中溢满温情，情不自禁眷恋旧日时光。

一层平面图

轻井泽锅物　台南店
KARUISAWA RESTAURST TAINAN BRANCH

项目名称 _轻井泽锅物 台南店 / **主案设计** _周易 / **参与设计** _吴旻修、蔡佩如 / **项目地点** _台湾台南市 / **项目面积** _1496 平方米 / **投资金额** _1000 万元 / **主要材料** _N/A

A　项目定位 Design Proposition
现代人对于"用餐"这回事，大概已经很难停留在单纯讨好味蕾的层次，随着商家们的竞争越趋白热化，除了舌尖上的激情与满足，包括空间的情境气氛、布置的内容、甚至灯光够不够情调？侍者们服务周不周到等等，都将成为整体评比的一部份。

B　环境风格 Creativity & Aesthetics
座落大道旁的"轻井泽"台南店面宽 30 米，很难想象这是由老旧铁皮家具卖场改造而成的地景艺术。顶部拉出水平线条的锈色金属轮廓，让建筑自然涌现安定与稳重，右侧墙面嵌上书法名家——李峰大师挥毫的巨大白色"轻井泽"铁壳字，相当具有辨识度。外廓中央象是不规则切开的几何门面，因为上半部多达上千枝缜密排列的悬空竹林阵列，数大便是美加上隐约于竹间投射而下的光束，让刻意内退原店面 8 米纵深，营造户外骑楼效果的廊下格外显得内敛幽深，设计师并贴着建筑物边界植上一排色鲜青翠的黄金串钱柳，夜里在地灯烘托下，既能掩映外部视线，也是室内借景的前置端点。

C　空间布局 Space Planning
从正面驻车处踏上三阶高度，导入舞台登高的隆重感，无论白天黑夜，如此壮盛的悬空竹林阵列，都是引人仰望的目光焦点，来客一踏上廊下的灰阶地坪，两侧即是一大一小、各拥奇趣的禅意水景，左边主水景宛如托高长盘，盘上点缀三方景石，颇有怀石料理摆盘的意境，盘面潺潺流动的水幕佐以唯美灯光，峥嵘奇石彷　漂浮其上，右翼副水景则以朴拙瘤木为主角，氤氲的景致刚好是柜台区向外望的反馈。

D　设计选材 Materials & Cost Effectiveness
主要用餐空间都集中在一楼，大致呈回字形环抱中央的灯光干景，半空中由竹子排列而成的围篱，对应下方两座景石和类土俵的枯山水，后段的卡座比邻大面玻璃窗，窗外与邻栋建筑间植满生气盎然的翠竹林，从绿油油的后景竹林、中景的土俵枯山水到前端的水景、植栽，环环相扣的景链大大提升了"食"的机趣与深度。

E　使用效果 Fidelity to Client
卡座的铺陈也是一绝，深色木作打造如四柱床的连续结构，沈稳而安静，搭配金属构件与虫蛀板特制的背靠屏风，每方桌面都点上一盏古朴的斗笠灯，唤醒村居的随性自如，顺着香气四溢的水烟袅袅，过道竹篱对话窗外修长的竹林，流利的小风在摇曳的叶上沙沙作响，此间浓浓的禅意象是空气；如影随形。

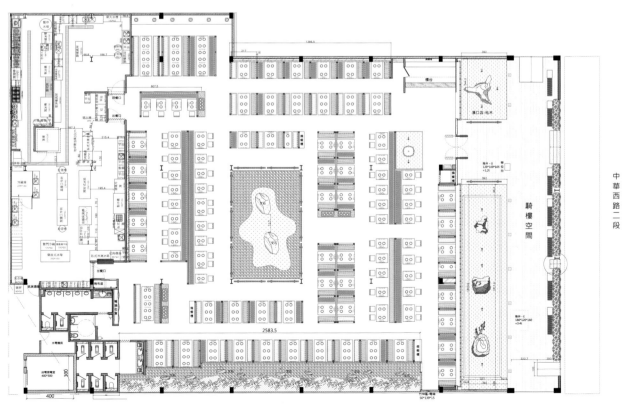

一层平面图

軽井澤 【鍋の物】

扬州东园小馆
YANGZHOU DONGYUAN XIAOGUAN RESTAURANT

项目名称_ 扬州东园小馆 / **主案设计**_ 孙黎明 / **参与设计**_ 耿顺峰、陈浩 / **项目地点**_ 江苏省扬州市 / **项目面积**_430 平方米 / **投资金额**_200 万元 / **主要材料**_ 顺鹏陶瓷、德蒙玻璃、嘉乐丽

A 项目定位 Design Proposition

从产品策划角度，空间设计策划与业态市场定位，需要与物业所处基地文化调性与目标特征达成和谐，作为中等城市 CBD 核心 SHOPPING MALL，扬州时代广场在城市商业形象与消费"吞吐"力上都堪称区域翘楚，最受本地最活跃的青年目标客群所拥趸。为此，在空间风格方向上，主要着眼点就是如何呈现一线、二线发达城市的商业空间的品质感、国际化；而在业态设定上则侧重亲和"接地气"符合本埠目标消费习惯与消费能力——体验感特色化的地方饮食，这里也考虑了基数较大的周边白领的重复性消费的因素。

B 环境风格 Creativity & Aesthetics

在空间环境营造上，突出"生活化"的贯穿始终，在古典与现代的"家"的环境基调下，目标客群所能体验到的尽是放松、亲切、不设防，在舒朗简约的氛围中，整个业态空间流溢惬意又不乏小资腔调，餐饮功能与社交平台的双重作用自然贴切滴融合在一起。

C 空间布局 Space Planning

开敞、无死角是空间布局的第一原则，从全零点区设置到主入口到与商场的出口，都体现了这一原则；而入口明档展示区与个性吧台背景则让这种统一原则中平添了变化和趣味，同时竖向的虚拟、半虚拟空间切割亦避免了因"一脉统一"的呆板直白。

D 设计选材 Materials & Cost Effectiveness

选材上遵循扎实、自然、平朴、机理生动原则，所有材料都倾向于对外传输亲切感与熟稔度，与项目空间定位、业态定位取得方向上的一致。而恰当比例的绿色皮革和毛砖的使用则在色彩与肌理上获得活化与提亮，避免大面积理性的金属与木色产生压迫感。

E 使用效果 Fidelity to Client

由于事前充分的市场调研，与精准的市场定位，本项目错开了所在区位与购物中心内的同质竞争，并由于价格和菜品亲民、空间的品质感和切准"五觉"的体验感塑造，开业以来一直生意火旺，其中周边白领的重复消费率接近 100%。

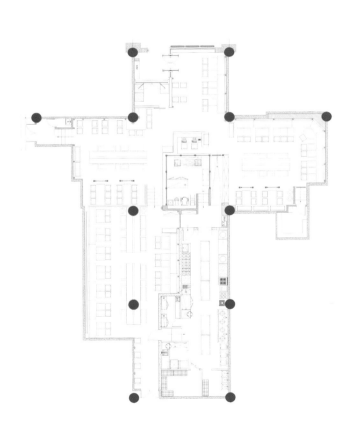

一层平面图

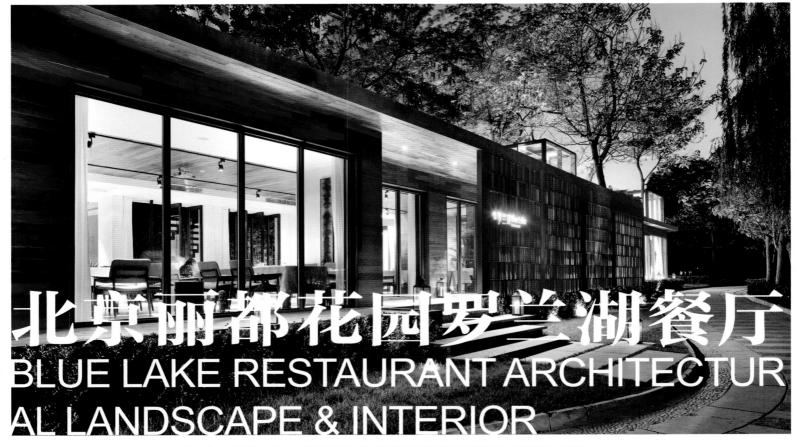

北京丽都花园罗兰湖餐厅
BLUE LAKE RESTAURANT ARCHITECTUR AL LANDSCAPE & INTERIOR

项目名称 _ 北京丽都花园罗兰湖餐厅 / 主案设计 _ 陈贻 / 项目地点 _ 北京市朝阳区 / 项目面积 _900 平方米 / 投资金额 _1000 万元 / 主要材料 _ 大理石

A 项目定位 Design Proposition
掩映环绕在密林缓坡上的一座既现代又极富自然体验感的建筑体。对于那些身心疲惫而想要暂时逃离喧嚣都市并纵情于自然同时又想体验时光慢慢流淌的人们来说这里绝对是一个足够吸引人的名副其实的宁静场所。

B 环境风格 Creativity & Aesthetics
他是一个独特的能够融合周边自然环境，从树林中生长出来，并且仍能使得原有建筑生命气息不受任何干扰而继续自然而然的运行并流淌出来的全新建筑。把自然协调成建筑背后的驱动力，将一个保留历史记忆的但却是跟周边的花园景致完全融合的建筑空间呈现给使用者。

C 空间布局 Space Planning
结合了东方的阴阳合一理念，构筑了明馆（玻璃馆）和暗馆（实体馆）两部分。并同时在整体平面布局中规划出一个私密的室内庭院。

D 设计选材 Materials & Cost Effectiveness
建筑外立面大量的运用透明中空玻璃及菠萝格防腐木，使整体建筑看上去虚实结合。

E 使用效果 Fidelity to Client
使用方结合此项目自然清新的特点，策划了众多的婚礼及宴会活动，使整个空间的运用更加的具有多变性和丰富性。

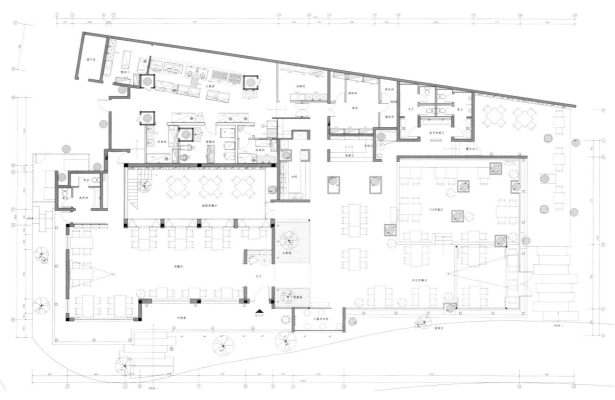

一层平面图

北京侨福芳草地小大董店
XIAO DAODONG ROAST DUCK RESTAURANT

项目名称 _北京侨福芳草地小大董店 / **主案设计** _刘道华 / **参与设计** _陈亚宁、张怀臣、马东阳、陈双喜 / **项目地点** _北京市朝阳区 / **项目面积** _400 平方米 / **投资金额** _160 万元 / **主要材料** _高级定制家具

A 项目定位 Design Proposition

小大董，位于优雅购物、艺文荟萃的 "侨福芳草地" 内。亦小或大，小文艺青年的惊鸿一瞥，摇不尽的繁花迷离，在唇齿之间，为自己找个家，留恋，回味。

B 环境风格 Creativity & Aesthetics

小大董就好像大董的少年版，带着一丝青涩走出来的全新品牌，既文艺又带着大董精益求精的味觉体验。和商场一派现代气息不同的是，小大董给人感觉是中式风格里面带着怀旧及禅意的气息。

C 空间布局 Space Planning

聚落的架构理念，牵引着各区域的衍生。动线的韵律指引、及徽派建筑形式移入室内，仿若我们行径在村落的小巷内，忘却世间百态，只留得一身 "清"。小空间大智慧，外看简洁内看细节，虚实相生，加以当代艺术的配饰点缀，赋予空间摇不尽的繁花迷离。

D 设计选材 Materials & Cost Effectiveness

水泥、锈板、仿旧木作。

E 使用效果 Fidelity to Client

大董的品质，雅致、轻松愉悦的就餐氛围，实惠的价位，评价自然高。

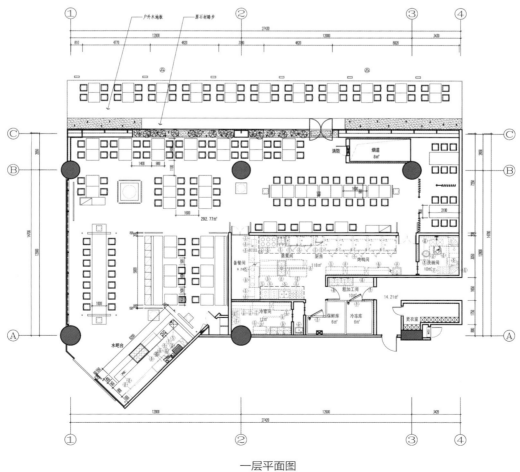

一层平面图

葫芦岛食屋私人餐厅
FOOD HOUSE

项目名称 _ 葫芦岛食屋私人餐厅会所 / 主案设计 _ 赵睿 / 参与设计 _ 燕群、刘方圆、曾庆祝、李龙君、伍启雕、邓琦夫、黄迎、郭春兴 / 项目地点 _ 辽宁省葫芦岛市 / 项目面积 _ 2101 平方米 /
投资金额 _ 500 万元 / 主要材料 _ 多乐士、雷士照明

A 项目定位 Design Proposition
营造一个与环境融于一体的情感化建筑。

B 环境风格 Creativity & Aesthetics
设计师根据海边的地形面貌,以梯级线的设计手法来弱化建筑,让建筑更好的融入环境
之中。保留了完整的植被,保持了原始生态而且让建筑更为松散自由,形成自然和谐的景观
环境。

C 空间布局 Space Planning
在室内的空间设计上,为了增加情感和体现生活的痕迹并与时间的交错,设计师将建筑
周围的树枝、贝壳、破碎的陶瓷等再次设计融入到其中,增强自然气息和生活本身的亲
和力。

D 设计选材 Materials & Cost Effectiveness
许多装饰材料就地取材,应用该地区的资源,自然的材料,废旧的材料,经过自己加工改
造再应用与建筑中,比如当地的海边贝壳,旧瓷器,树枝等等。该建筑为私人会所,主要
为接待朋友旅客,不作主要商业行为,造价和选材上有所考虑且进行更为细致的筛选。

E 使用效果 Fidelity to Client
自然和谐,从同一个地方孕育出的环境。

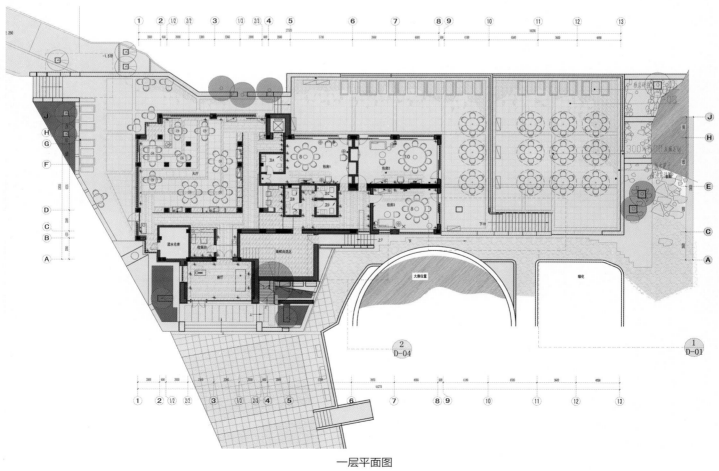

一层平面图

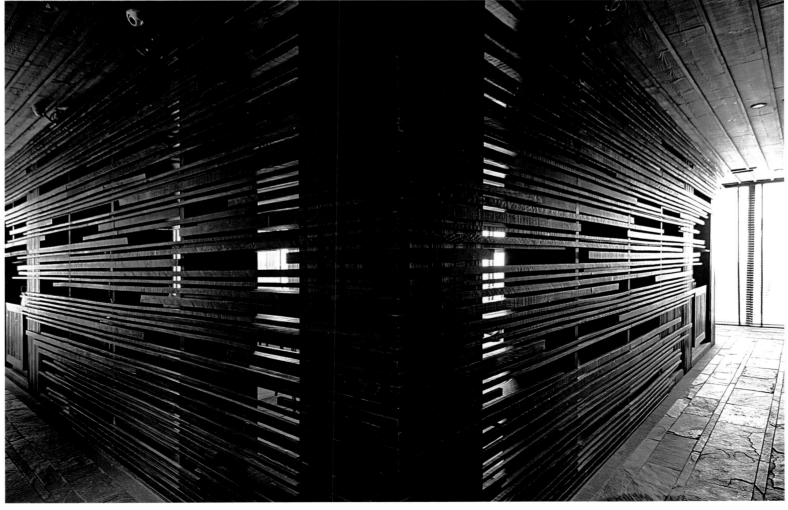

烟台九十海里新派火锅
YANTAI NINETY NM NEW HOTPOT

项目名称 _ 烟台九十海里新派火锅 / 主案设计 _ 王远超 / 参与设计 _ 王凡、王远超、何勇、庄鹏 / 项目地点 _ 山东省烟台市 / 项目面积 _ 2200 平方米 / 投资金额 _ 500 万元

A 项目定位 Design Proposition

90 海里是一家新派火锅餐厅，浪漫的地中海风与中国传统饮食文化相融合的食尚空间。海蓝色旧木条板.锈铁与白色涂料结合船桨、浮漂、舵轮、仿真旗鱼、古帆船模型等航海风格配饰，营造了一种蔚蓝色的浪漫。复古栀灯，旧木吊灯的应用令人遐想。餐厅入口处船型服务台与古造船图背景墙相映成趣。

B 环境风格 Creativity & Aesthetics

海蓝色旧木条板.锈铁与白色涂料结合船桨、浮漂、舵轮、仿真旗鱼、古帆船模型等航海风格配饰，营造了一种蔚蓝色的浪漫。复古栀灯，旧木吊灯的应用令人遐想。餐厅入口处船型服务台与古造船图背景墙相映成趣。一层"东经区"，感受漂浮在岛上的风情与浪漫，放眼窗外，翻滚的波涛，翱翔的海鸥尽收眼底。

C 空间布局 Space Planning

一层"东经区"，感受漂浮在岛上的风情与浪漫，放眼窗外，翻滚的波涛，翱翔的海鸥尽收眼底。一层"北纬区"可以欣赏璀璨的星空，繁星的点缀使就餐环境更贴近自然。二层包房以岛命名，岛名印在仿古书封面挂于包房厚重的木门上。神秘的航海图，经典老海报的点缀使餐厅处处散发着悠闲浪漫的情怀。三层的"夏威夷群岛"，几艘木船隔出了宽敞而又相对独立的餐位，让孩子有足够的空间在身边玩耍，厚重的木梁结构充满原始的粗狂美。凭窗望去，依旧是那片海，只因所处环境不同，感受才不同。

D 设计选材 Materials & Cost Effectiveness

使用做旧木板、锈铁与白色涂料结合，各种仿真模型。

E 使用效果 Fidelity to Client

得到了业主的肯定。

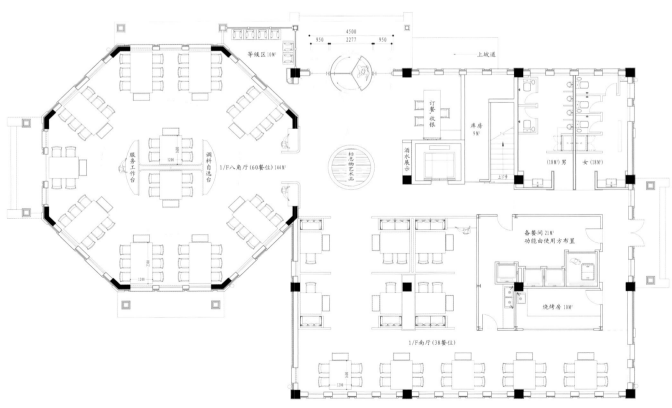

等候区10M²

4500
950   2277   950

上坡道

订餐收银

库房 9M²

酒水展示

(18M²)男   女(18M²)

上17室

标志物艺术品

服务工作台

调料自选台

1/F八角厅(60餐位)144M²

备餐间21M²
功能由使用方布置

烧烤房10M²

1/F南厅(38餐位)

一层平面图

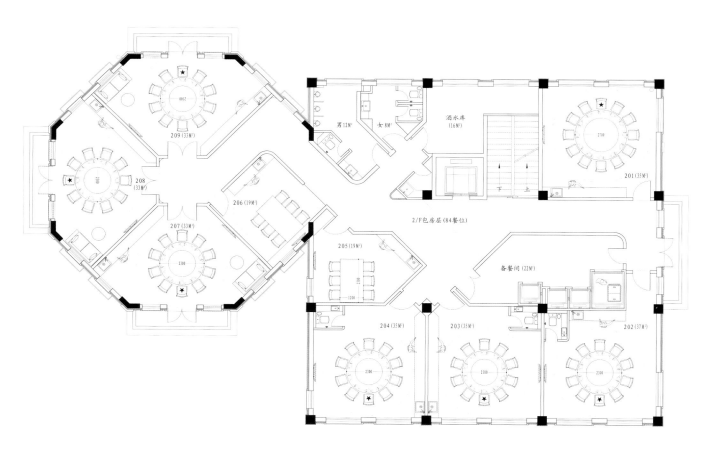

二层平面图

长临河—徐州淡水渔家
LONG KANAWHA - XUZHOU FRESHWATER FISHING

项目名称_长临河—徐州淡水渔家/**主案设计**_冯嘉云、陆荣华、铁柱、刘斌/**参与设计**_/**项目地点**_徐州云龙万达广场三楼/**项目面积**_280平方米/**投资金额**_250万元/**主要材料**_水泥板、石材、钢板、玻璃、老木板、墙纸打印图案

A 项目定位 Design Proposition
与很多餐饮业态不同，在设计策划与市场定位上，"淡水渔家"不是完全遵照万达广场国际化调性，而是另辟蹊径形成差异特色，即勾画了一个散发历史韵味的"都市里的渔村"，整个空间充盈着野趣与自然意向，既符合徐州区域气质（历史名城），又一目了然主题鲜明点出业态属性—以鱼为主打。在消费层次定位上，价格与服务特色吸纳"快食尚"餐饮的精髓，通过空间体验提高"翻台率"，促进经营利好。

B 环境风格 Creativity & Aesthetics
在空间环境塑造上，注重了情境意识的表达，境渔村、渔船、船桨以及大面积做旧老木头等陈设与主材，自然而然让目标客群进入"渔歌互答，渔舟唱晚，宠辱皆忘"的渔文化氛围及相关的厚重记忆感当中，使就餐环境纳入到温馨、放松又不乏江湖的古道热肠。

C 空间布局 Space Planning
在空间布局考量上，吸收了渔船的内部特征，并针对购物中心客群基数大、流动性强的特点进行了统一中有变化的空间切割，如等候区的适当比例放大，秩序感的横竖向半虚隔断与似然散点的空中陈设交融、虚墙与实墙的交叉对比等，着意与"船"意向的营造。

D 设计选材 Materials & Cost Effectiveness
水泥板、老木板、石材的大面积使用，奠定了整体的空间基调——自然、粗狂富余内在张力，散发原始蓬勃的视觉感染力，非常契合"渔事"的历史维度，而绿色、橘红色家具大胆点彩，又使整体灰度的空间散发出生动的靓丽。

E 使用效果 Fidelity to Client
投入运营的前期阶段，通过店面视觉感染和营销上的"蓄水"及特色菜品，淡水鱼家的生意在三个月后出现大幅度激增，已经成为万达广场内餐饮业态口碑与重复消费的前三甲，消费频次与销售额后续发力强劲。

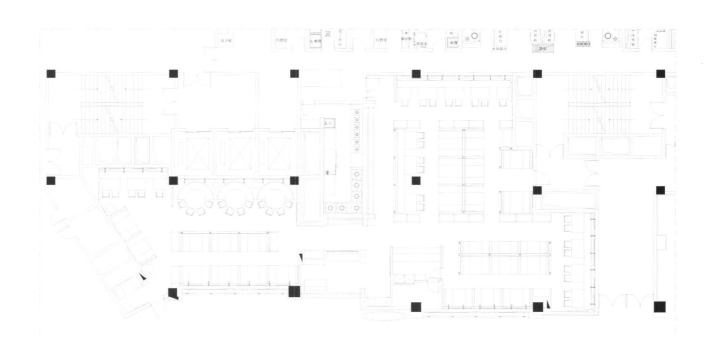

一层平面图

同楽
WITH JOY

项目名称 _ 同楽 / **主案设计** _ 胥洋 / **项目地点** _ 江苏省镇江市 / **项目面积** _170 平方米 / **投资金额** _40 万元 / **主要材料** _ 旧杉木、多乐士

A 项目定位 Design Proposition

老街的房屋都是老中式的旧屋，业主做的餐饮是本地第一家—新概念的餐厅，餐厅以接受预定一对一服务的方式，给一群要聚会的顾客，做一些便饭但菜品的样式比较独特，不局限于家常菜，也不局限于西餐，就如这个设计一样。老屋子自带的一些粗糙的特质，加之北欧的纯粹，无杂乱的干净度，高低家具的混搭，融合贯通了整个空间。

B 环境风格 Creativity & Aesthetics

该空间营造了一种既休闲又耐人寻味的气氛，保留住原来老宅子过高的顶，未去过分的修饰它，反而利用它原有的优势更好的帮助了这个空间的造诣。西津渡是条老街，为了回应整个老街营造出一种文化的感觉，在设计上保留了宅子里原有的四个柱子和一面青砖墙，让房屋的某些地方回归到最原始的状态去融合了整个空间。让北欧里掺杂着不同的文化元素少部分。却又不显得整个空间凌乱。

C 空间布局 Space Planning

宅子里空间之间贯穿的深远层次，是打破了原先一间一间封闭的结构，加之后面的天井也是，这些都是老宅子固有的，为了让房子的空间更大，显得整个区域感觉是一体的，还要做到满足每个区域的功能性，这里的布局采用了避重避轻，用建筑的手法来演绎了室内。设计营造出了一种文化的气氛，看似是一种形式为一种神式服务，其实是做到了神形兼备。

D 设计选材 Materials & Cost Effectiveness

该项目用了保留的青砖、购买了些旧木杉和大量的白乳胶材料，在空间里不同的变化着，利用了三种元素来做成了一种特殊的氛围，加之特意选用了精致度的现代感家具来烘托了整个餐厅的品位和品质，在气氛营造上又有了让人对家的一个向往主题。

E 使用效果 Fidelity to Client

空间做完后业主满意度就已经很高了，加之餐厅只是网络运营，当很多顾客都是先冲着设计去消费，在空间里又久久不愿离去时，业主自然就更开心了。

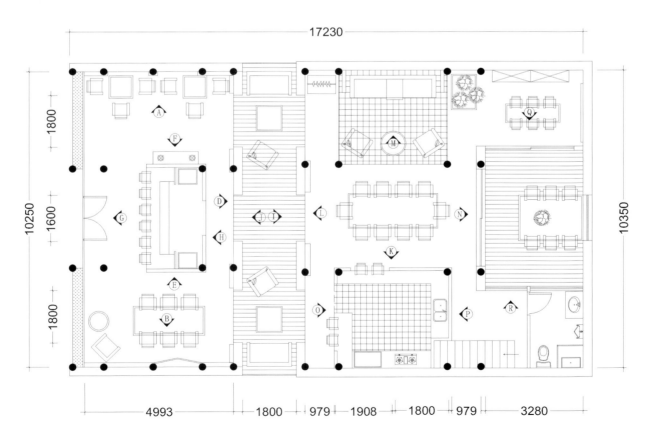

一层平面图

宁静致远
SILENCE MAKES DISTANCE

项目名称_ 宁静致远 / **主案设计**_ 王晚成 / **项目地点**_ 江西省南昌市 / **项目面积**_1000 平方米 / **投资金额**_210 万元

A 项目定位 Design Proposition
餐饮空间在外围为节省成本又做到美观，钢筋混凝土的结构裸露在表面。木质作为外墙。云境崇尚生态，绿叶和古门都能体现古韵气息。

B 环境风格 Creativity & Aesthetics
中西结合的时尚餐厅，空间的旧门为甲方早年间在乡下收集，餐饮空间大量运用早年间收集的材料，其他更多为淘宝材料。

C 空间布局 Space Planning
空间画布的挥洒、泼墨体现着宁静。灯光的运用恰如其分，宁静安详。墙面直接用青砖加白色石灰修饰，既做到了节约成本，又能大胆让人接近原生态。

D 设计选材 Materials & Cost Effectiveness
外墙的设计、空间布局错落有序，最大利用空间，座位紧凑有秩。

E 使用效果 Fidelity to Client
业主十分喜欢，效果很不错。

露会所
LU CHAMBER

项目名称 _露会所 / 主案设计 _潘冉 / 参与设计 _易红 / 项目地点 _江苏省南京市 / 项目面积 _780 平方米 / 投资金额 _390 万元 / 主要材料 _WAC 灯具、科勒洁具、大津硅藻泥

A 项目定位 Design Proposition
创造一个满足多重营业功能叠加要求的复合型空间,为宾客提供高质量服务的会所类体验。在并不充裕的建筑本体内,最大效率的挖掘空间的可能性,同时兼顾到空间创作的艺术美感。

B 环境风格 Creativity & Aesthetics
一层卡座区域临窗而设,可以直接观赏到院落景观以及一街之隔的明城墙。

C 空间布局 Space Planning
一层功能区域以及流线走向清晰明朗,吧台区位于左侧最显眼的位置,散座区环绕吧台布置,在相对开阔的中心位置是供多人使用的拼接长桌。穿过那片"雨后森林"为主题的楼梯通过空间来到二层,红酒包厢和中餐包厢设立于此。

D 设计选材 Materials & Cost Effectiveness
1. 将艺术元素融会贯通到设计中
2. 乡野材料的点缀利用。

E 使用效果 Fidelity to Client
用 MIX&MATCH 的手法创作的气质清新感。

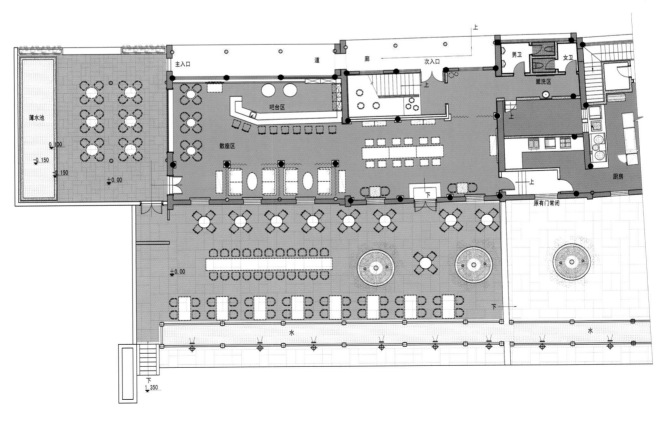

一层平面图

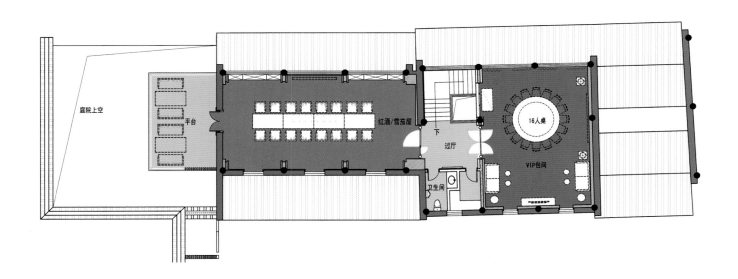

二层平面图

淮上豆腐酒店

HUAISHQNGDOUFUJIUDIAN

项目名称 _淮上豆腐酒店 / **主案设计** _张承宏 / **参与设计** _张承宏、徐川 / **项目地点** _安徽省淮南市 / **项目面积** _3229 平方米 / **投资金额** _1200 万元 / **主要材料** _自主品牌

A 项目定位 Design Proposition

本案是对既有建筑的改造，90 年代大楼的马赛克，本身就带有浓郁的时代特点。我们用同样原生态且更加古老和"简陋"的黑瓦、土胚墙、青砖，对建筑外立面进行了新的解构。最洋派的城市人，上溯三代，八成都是农村出身。这些元素构建的画面，恍如穿越，不张扬，却更有动人心扉的效果。方案所大量使用的瓦片、土胚墙砖、青砖、老木头、竹席，都是在当地收集到的旧建筑"破烂"。

B 环境风格 Creativity & Aesthetics

复古是永远的时尚，因为我们始终以时尚的语言去诠释和阐发传统。徽派建筑尤为注重设计和装饰元素的寓意，本案也不例外。例如用酒店门脸的色彩基调只用了青白两色，蕴含着"青菜豆腐保平安"的祈福。而几何构图的门廊屋顶轮廓，则采撷自"安"字的"宀"，结合下方的女性装饰图案，表达了对平安幸福的诉求。

C 空间布局 Space Planning

徽文化的根在村镇——安静的小街，灰瓦白墙，清晨伴随着炊烟，传来家家户户磨豆腐时石磨转动的声音，混合着柴火燃烧的味道，锅烧豆腐的味道，还有早餐的味道。设计团队想要在这个酒店的设计中表达的，就是对过去的回味。 安徽淮南是座煤炭重工业城市，也是皖北乡土文化色彩浓郁的城市。为淮南的本土餐饮企业设计，追溯汉朝王族的奢华，或者渲染道家玄学的飘渺，或者用当前时髦的"简约古韵"，我们觉得都不是最佳选择。

D 设计选材 Materials & Cost Effectiveness

本案的内装饰，也沿袭了建筑改造的整体设计风格。天花满铺竹席、设计灵感来源于竹毛刷的灯饰装置、石磨、土缸、土盆、土缸、土布篓、平子格——所有这些设计语言，营造的氛围都是古拙的、简单的、乡土的幸福味道。

E 使用效果 Fidelity to Client

本案的最大设计心得，是我们发现，能用简单、朴素的语言，能够引发更多的人对旧时光的留恋与共鸣，也是莫大的成就与快乐——而这与设计费和造价之间，其实并无干系。

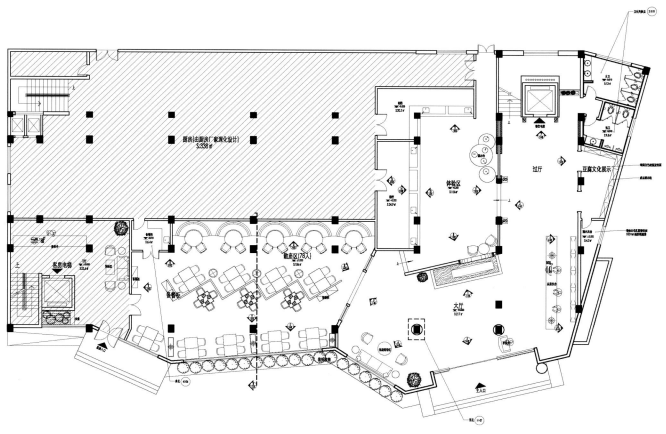

一层平面图

象村野
G-CLUB

项目名称 _ 印象村野 / 主案设计 _ 潘冉 / 参与设计 _ 徐婷婷 / 项目地点 _ 江苏省 南京市 / 项目面积 _ 580 平方米 / 投资金额 _ 116 万元 / 主要材料 _ WAC 灯具

A 项目定位 Design Proposition
餐厅以地道的淮扬菜品为主打，设计师以淮扬大地的现实面貌与百姓生活状态为切入点，以"印象村野"为餐厅设计的主题。

B 环境风格 Creativity & Aesthetics
设计师将现实中的具像转化为表现上的抽象，再由抽象思维转变为现实体验回到抽象中去。

C 空间布局 Space Planning
1. 以"巢穴状"编织体划分门厅及包间。
2. "自由"是空间主题，由曲线引领着空间内的各种形态走向。

D 设计选材 Materials & Cost Effectiveness
1. 竹器、砖块、泥灰等传统材料的当代运用
2. 一气呵成无缝水磨石地面。

E 使用效果 Fidelity to Client
淡淡的怀旧情节，让食客在第一时间感受到身处在"自然"之中。

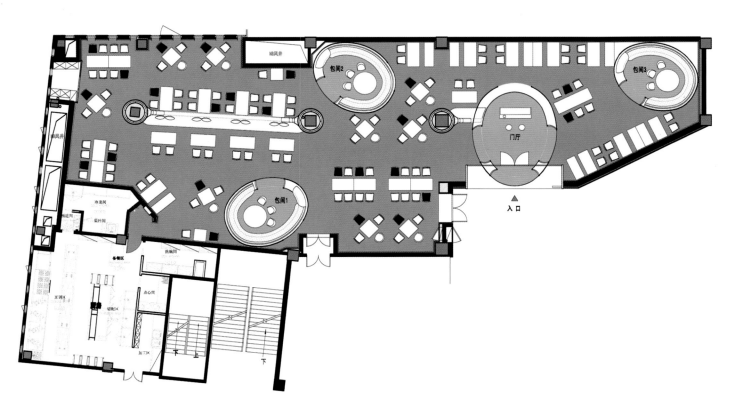

一层平面图

咔法天使咖啡厅
CAFFANGEL

项目名称 _ 咔法天使咖啡厅 / 主案设计 _ 周剑青 / 参与设计 _ 姚文娟、陈奇石 / 项目地点 _ 浙江省宁波市 / 项目面积 _ 240 平方米 / 投资金额 _ 85 万元 / 主要材料 _ 原材料工厂采购

A 项目定位 Design Proposition
作为咔法天使入驻宁波的首家形象店，项目选址位于宁波最繁华的商业区，主题消费人群定位在年轻时尚的群体，符合品牌在全国一线城市的直营需求，空间设计简约时尚，布局合理简便，用料简朴独特，设计具有可复制性及可塑性。

B 环境风格 Creativity & Aesthetics
本案的风格基于 LOFT 的基础之上，力求突破及创新，增加 caffee 的主题元素，将清新、年轻、时尚、色彩等融入到整个环境，多元化的大胆创新构造（如集装箱、木构吊灯、钢网楼梯、木构花坛等等）去体现无界的空间环境。

C 空间布局 Space Planning
空间为 5m 挑高的结构，大量的保留了挑高空间，局部设计了隔层，充分去展示空间高度的优势性，给予顾客最大限度的视觉舒适及环境舒适，布局上不去刻意追求用餐位的数量，保证每位顾客能在宽敞舒适的环境内享受 caffee 的温暖。

D 设计选材 Materials & Cost Effectiveness
选材的宗旨是基于体现材料的本质，如钢网、原木、铁板、砖墙、清水混泥土，充分发挥材料在空间中本质的特性，在空间环境内自然的吸收及散发，与环境有共同的生命力。

E 使用效果 Fidelity to Client
Caffangel 在运营后的反响非常的高，店招震撼的醒目效果，内部创意无限的环境效果，产品新颖丰富，服务清新甜美，使得评价非常高。

一层平面图

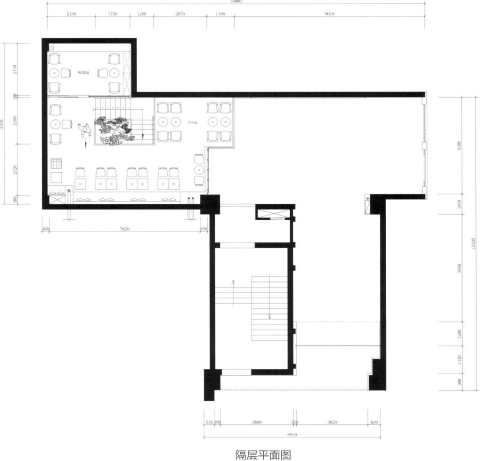

隔层平面图

六瑞堂原味餐馆
SIX RENDON FLAVOR RESTAURANT

项目名称 _ 六瑞堂原味餐馆 / 主案设计 _ 石龙贵 / 参与设计 _ 罗思、林覆生 / 项目地点 _ 湖南省株洲市 / 项目面积 _750 平方米 / 投资金额 _220 万元 / 主要材料 _ 马可波罗瓷砖、麻石、青砖

A 项目定位 Design Proposition
"六瑞堂"因地名而来，追求餐饮最本味是食客对饮食的新的变化，设计者在案例设计之初结合菜品之特点，进行构思及安排。

B 环境风格 Creativity & Aesthetics
运用中式独特的构图手法，装饰力求简洁凝重，有意忽略"界面"的装饰，而在于从整体空间着手，突出空间的节奏韵律感，创造高质素人文空间和意义深远的意境。

C 空间布局 Space Planning
以大厅东西走向为主轴线贯穿整体，分层次、节奏性地南北展开；以此同时，南北方向也形成了几条次轴线。阡陌交通，往来自如，既解决了顾客分流及人流交叉的问题，又增添了景致。

D 设计选材 Materials & Cost Effectiveness
选用最朴实的元素或材质传递本味的思想。

E 使用效果 Fidelity to Client
经营 7 月有余，食客在环境中感受轻松就餐，人来人往之中增进交流。几月下来的食客成为"六瑞堂"老主顾居多。

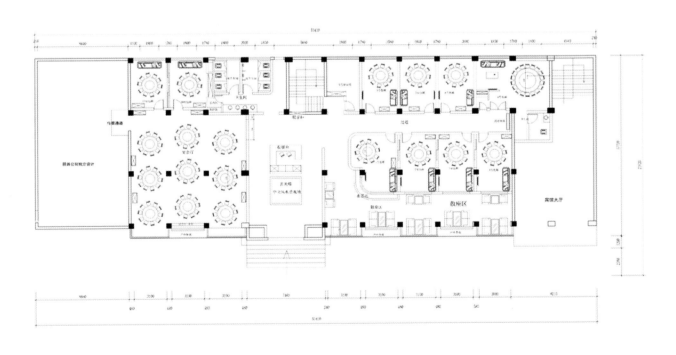

一层平面图

南京六朝御品
LIUCHAOYUPIN

项目名称_南京六朝御品 / **主案设计**_王帅 / **参与设计**_蔡子高 / **项目地点**_江苏省南京市 / **项目面积**_850平方米 / **投资金额**_320万元

A 项目定位 Design Proposition
本案地处六朝古都的南京市主城区，通过佛教为主题，利用不同时期南京的名称来命名餐厅包间，具有生动感和历史趣味性，让人印象深刻。

B 环境风格 Creativity & Aesthetics
因为本案地处市区，所以室外环境不佳。通过将室外园林景观如（凉亭、雨廊等）引入室内，让人身临其境。

C 空间布局 Space Planning
在空间格局上将原始商铺三个楼梯合并为一个大楼梯，并将顶层楼板切开，做成了金字塔形阳光顶，让天光进入室内，照射在12米高的铜佛像上，更具视觉感。

D 设计选材 Materials & Cost Effectiveness
设计选材为了凸显皇家风范，采用了大量的石材和铜质。

E 使用效果 Fidelity to Client
让业主在带领客人穿越历史的过程中体会美食，体会佛文化，让人印象深刻。

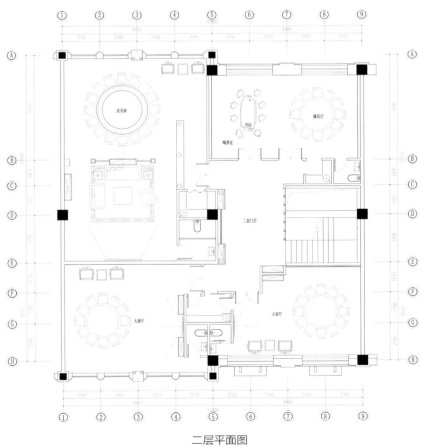

二层平面图

元莱美食尚餐厅
YUAN LAI FOOD STILL RESTAURANT

项目名称_元莱美食尚餐厅/主案设计_王锟/项目地点_广东省惠州市/项目面积_450平方米/投资金额_200多万元

A 项目定位 Design Proposition

本案为独立建筑共三层，一层为面包咖啡店，二三层是餐厅用餐区，项目地处惠州市惠东区的繁华商业区，周边交通便利，四通八达，位于1分钟商圈，周边住宅和商业建筑林立，为融入环境和彰显品牌，易于受众接纳和选择。消费人群以家庭为主，年龄层次以80、90后为主。

B 环境风格 Creativity & Aesthetics

采用现代风格，休闲与时尚的结合，内在尊重天花和原顶的构造与自然形态设计，流露出 LOFT 的痕迹。项目所在地周边建筑朴实无华，形成鲜明对比。

C 空间布局 Space Planning

一楼是面包店，二三楼用餐区，在用餐区的空间处理上平面布局合理，主要为功能性所考虑，利于餐厅服务，动线设计合理，服务员与顾客流动顺畅，视觉上与自然想结合统一。用似隔非隔的隔断处理来展示个性的鸟笼卡座空间，同时兼备通透性和空间私密性。

D 设计选材 Materials & Cost Effectiveness

现代风格的时尚休闲餐厅，整体设计干净利落，温馨舒适，不仅适合学生消费群体，而且可以满足大众消费人群，同时注选材的品质和受众在视觉上的舒适感受。

E 使用效果 Fidelity to Client

优雅的环境和时尚的配饰组合，带动年轻人消费的热情，不同于其他物业的装修风格，独树一帜，提高了上座率！

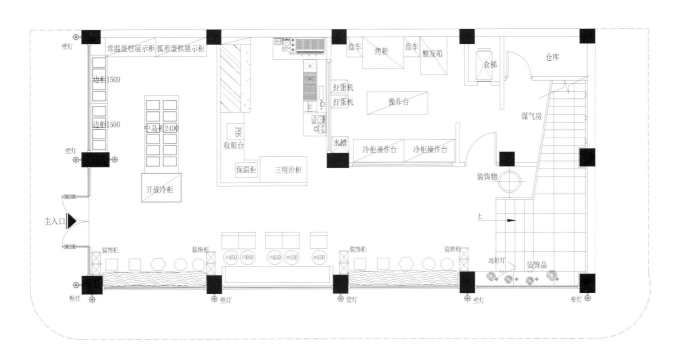

常温蛋糕展柜　弧形蛋糕展柜

壁灯

边柜1500

边柜1500

中岛柜2400

壁灯

开放冷柜

主入口

装饰柜　　装饰柜　　　　　　　　　　装饰柜　　　　装饰柜

⌀450　⌀450　⌀450　⌀450　⌀450

壁灯　　　　壁灯　　　　　壁灯　　　　壁灯　　　壁灯

POS
收银台

保温柜　三明治柜

打蛋机
打蛋机

水槽　冷柜操作台　冷柜操作台

盘车　烤箱　盘车　醒发箱

操作台

食梯　　　仓库

煤气房

装饰物

上

地射灯　装饰品

一层平面图

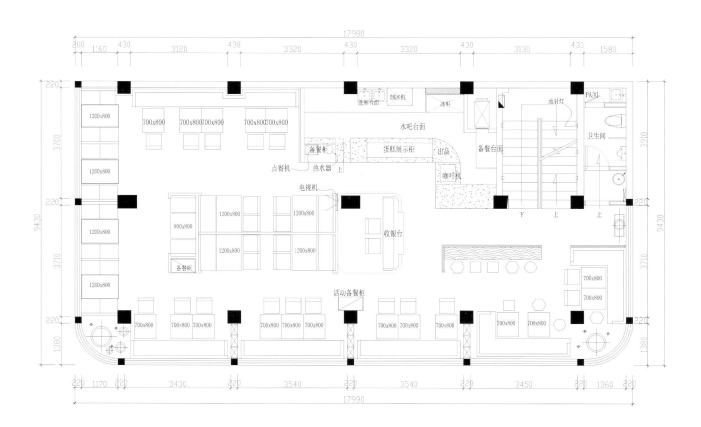

二层平面图

吾岛·融合餐厅
WU DAO

项目名称 _ 吾岛·融合餐厅 / **主案设计** _ 朱晓鸣 / **项目地点** _ 浙江省杭州市 / **项目面积** _ 750 平方米 / **投资金额** _ 450 万元 / **主要材料** _ 清水泥、落叶松、肌理喷涂、黄竹、水泥板、纸筋灰、钢板、纤维壁纸

A 项目定位 Design Proposition

位于商业步行街地下一层，人流关注较少，交通路线较为分散的场所，该如何通过空间设计来塑造自我的特征进行取巧的业态组合，并由此带来社会广大客户群的关注与传播，便成了我们考虑的重点。尝试将传统餐厅与文创商店进行组合，在餐厅的输出上融合各类健康菜系派别。

B 环境风格 Creativity & Aesthetics

除却食物还输出音乐、书籍、香道、花器、手工设计产品……不出城廓而获山水之怡，身居闹市而有林泉之致。借以餐饮之名，重拾素朴、健康、怡然清雅的生活态度，传播新都市生活美学。在空间的形式导入中尝试用室内建筑的手法，借以各种拥有共同质感、温暖特性的材料的组合刻画，谋求再现一个素朴、本然、闲静的自然主义渔村印象。

C 空间布局 Space Planning

在空间的功能划分中，充分的利用了 5 米层高的优势，将空间划分为前厅、大厅区、卡座区，局部空间将厨房、明档等工作区域与加建的二层包厢进行组合，并在通往二层的交通路径中刻意增加了"愚岛"文创杂货铺区域，极大的增加了空间移步换景的的趣味性，并对客户等位，餐后滞留提供了良好的缓冲区域，减轻乏味的同时又增加了文创产品的关注与销售。

D 设计选材 Materials & Cost Effectiveness

借以各种拥有共同质感、温暖特性的材料的组合刻画，谋求再现一个素朴、本然、闲静的自然主义渔村印象。

E 使用效果 Fidelity to Client

是一个素朴、闲静的所在，给人以悠闲舒畅之感。

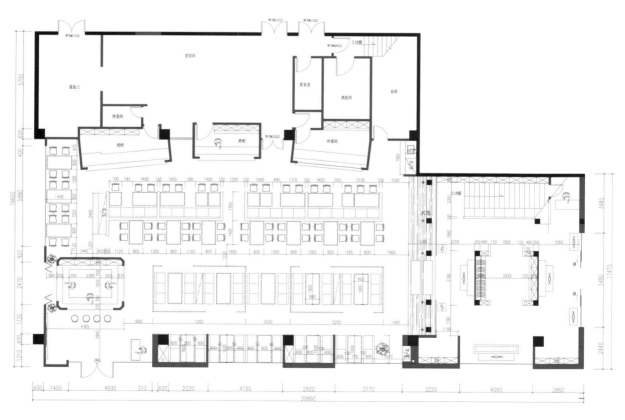

一层平面图

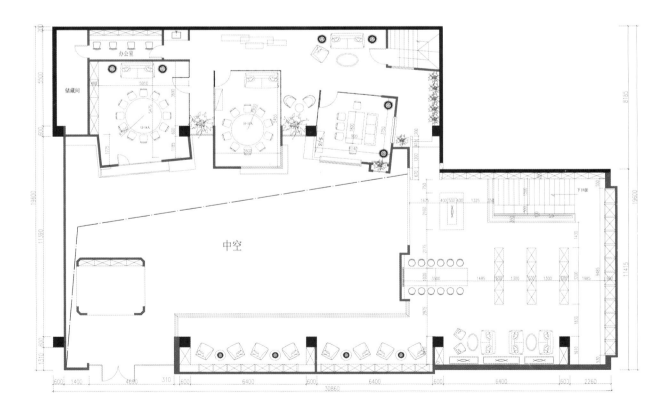

二层平面图

茶马天堂
THAI CUISINE

项目名称 _THAI CUISINE 茶马天堂 / 主案设计 _ 朱伟与团队 / 项目地点 _ 苏州园区美好广场 / 项目面积 _370 平方米 / 投资金额 _120 万元 / 主要材料 _ 克洛斯威硅藻泥、铁杉木、佰草集墙纸

A 项目定位 Design Proposition

"泰"餐厅不仅仅是一个空间的设计，身临其境，你感受到的是其中蕴含着的泰式文化，感受到的是一种古老国度的神秘和魅力，使你禁不住去细细品味它的"源"之所在，情之所系。该设计的细节中处处体现泰式风格的特点，原木、竹、藤制品等原生态的室内材料的合理运用，让就餐的环境回归自然与朴实，就像在这里所有的菜肴食料都是代表泰国独特的。相信步入"泰"你定会被它深厚的文化底蕴所感染，并体会到不一样的泰式风情，开始一段奇妙的文化与味觉之旅……

B 环境风格 Creativity & Aesthetics

餐厅内部合理的流线式布局，有针对性的结合建筑的形式，以顶面飞扬的光线来引导，虚实之间，赋予餐厅空间灵动与张力。材质上大部分运用实木，通过自然的木纹纹理，增添了室内的亲和力。在细节上运用泰国特色芭蕉叶纹雕花隔断，通过对空间不同层次的分隔，彰显出泰国地域文化的特色。

C 空间布局 Space Planning

餐厅内部墙面与地面通过水纹的素水泥质感来表达空间的基调，淡雅柔和的原木色与局部点缀的蓝色与绿色等，成为空间的主角，当在享受美食时分，优雅的音乐在耳边回响，仿佛可以亲临泰国苏梅岛的气息，这里有蓝色的海面，自然朴实的木屋，还有许多个甜蜜的回忆。

D 设计选材 Materials & Cost Effectiveness

青翠的竹子、飘逸的羽毛灯、精致的木雕、东南亚特色的藤制鸟笼等等，而当这一切都和谐地兼容于一室时，我们便准确无误地感受到泰国的清雅、休闲的气氛，在这里让您体会泰国美食的文化与精髓，无论是口味酸辣还是较为清淡，和谐是每道菜品所遵循的原则。

E 使用效果 Fidelity to Client

在泰餐中五味的调和时常充满了无限的可能性。

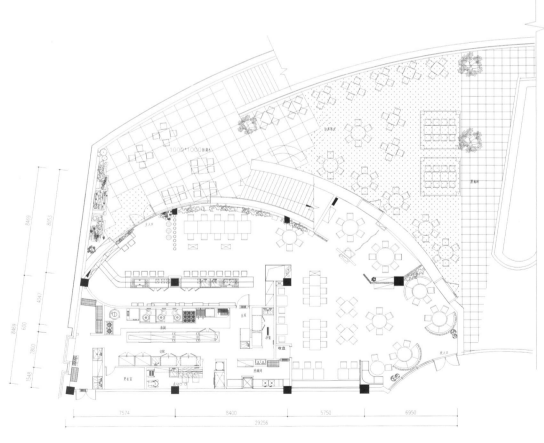

一层平面图

合肥小米餐厅
HEFEI MILLET RESTAURANT

项目名称＿合肥小米餐厅 / **主案设计**＿范日桥、朱希 / **项目地点**＿合肥政务区华邦银泰城 4 楼 / **项目面积**＿330 平方米 / **投资金额**＿150 万元 / **主要材料**＿老木板、钢板、白砖、马赛克、亚麻布打印图案

A 项目定位 Design Proposition
设计风格方向倾向于田园意味的工业美学表现，目标市场切准城市 CBD 具有文艺、雅皮精神的青年时尚阶层，基调趋于回归情怀，意在以隽永鲜活的体验型空间，打造以创新餐饮为介质的，符合现代城市时尚阶层价值观与生活方式的社交平台。

B 环境风格 Creativity & Aesthetics
环境观念最终通过空间性格的传输获得表达——工业与田园的对比共生、理性与感性的平行与交织、细腻与阳刚的映衬与互补、统一浑然与变化跳跃的融合辉映，无不切准当下时尚目标群的身心特质，即本空间的环境意识更倾向于对心灵生态的打造。

C 空间布局 Space Planning
与典型的"快食尚"餐饮强调空间利用率不同，创造属于特色餐饮空间的舒适度和自由度，是本项目空间布局的目标，为此在布局上提高了公共空间占比，通过增设两侧外摆解决了餐位不足，并且增加了针对购物中心流客的视觉吸引。

D 设计选材 Materials & Cost Effectiveness
遵循"性格选材"，即所有材料系统的选定都要与空间性格定位和市场定位吻合，比如老木板的原生粗狂、钢板的阳刚劲挺、白砖和亚麻得本质厚朴、马赛克波西米亚，无不与我们所理解、所需要的特定目标群审美特质呼应。

E 使用效果 Fidelity to Client
由于对业态空间定位，和对目标客群理解分析的精准，本店自开业以来，在视觉关注度上一直在同楼层餐饮集合中处于前列地位，加之精致入味的特色菜品吸引，使本店消费基数几个月以来一直呈现大幅度攀升趋势。

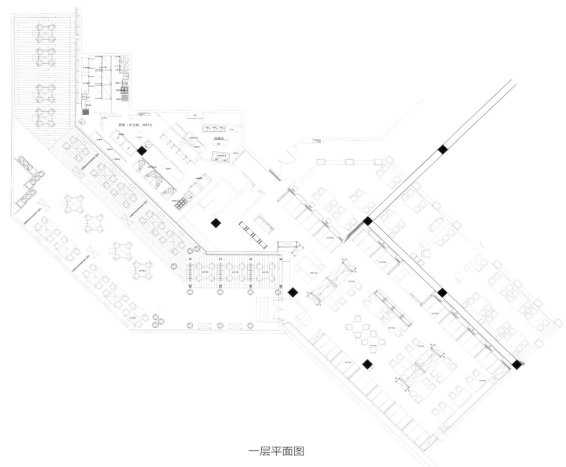

一层平面图

天意小馆
TIANYI SMALL PAVILION

项目名称 _ 天意小馆 / 主案设计 _ 王奕文 / 项目地点 _ 北京市 / 项目面积 _450 平方米 / 投资金额 _300 万元

A 项目定位 Design Proposition
位于北京远洋未来广场的"天意小馆" 作为京城百年老字号"天意坊"的分支品牌，创意私房菜的小馆。

B 环境风格 Creativity & Aesthetics
设计师赋予此空间"时尚的殖民地"风格。木色老窗棂，柱廊。。。仿佛跻身于上个世纪 30 年代怀旧小资的建筑中来。并大胆采用了蓝色，粉色的跳跃颜色烘托时尚的风情。

C 空间布局 Space Planning
怀旧的柱廊的呈现某种意义上界定了空间的延续性，作为主要的动线承载着功能的作用。两边配以曼妙的黄色轻纱，将卡座区与散座区自然的过度过来。同时也解决了空间私密性的需求。

D 设计选材 Materials & Cost Effectiveness
老榆木、蓝色板材、彩色灯饰、平民的艺术品。设计选材上利用最朴素无华的随处可见的材料，来打造这么一个亲切的，却又无限浪漫的场所。

E 使用效果 Fidelity to Client
打破老字号带给人们的传统框架，将空间刻画的怀旧、新颖、时尚、并充满童真。目前经营范围适合朋友聚会，家人聚餐，恋人约会等等。

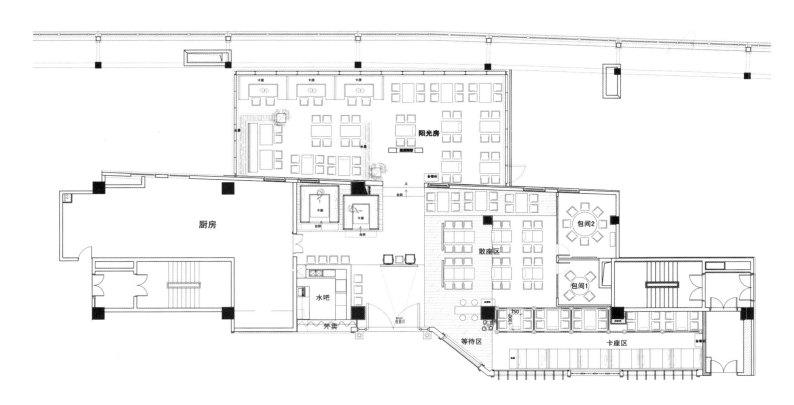

一层平面图

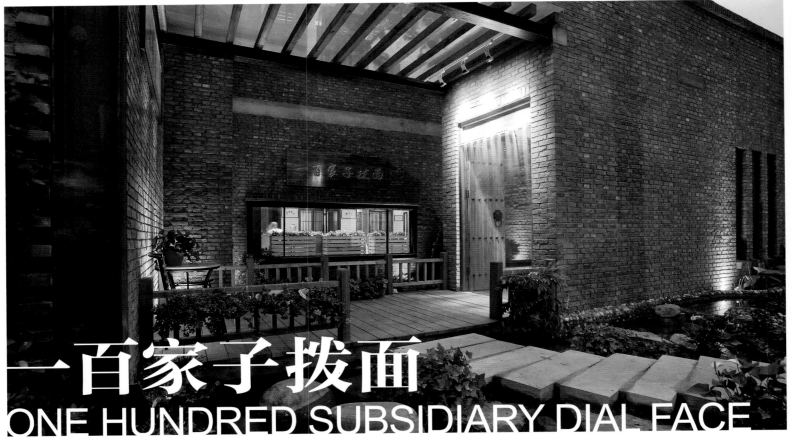

一百家子拨面
ONE HUNDRED SUBSIDIARY DIAL FACE

项目名称 _ 一百家子拨面 / 主案设计 _ 张京涛 / 项目地点 _ 河北石家庄 / 项目面积 _ 850 平方米 / 投资金额 _ 200 万元 / 主要材料 _ 定制材料

A 项目定位 Design Proposition

厌倦了城市的钢筋水泥森林？厌倦了铺天盖地做烂了的旧了吧唧的餐厅？ 这里还原建筑的本来面目。

B 环境风格 Creativity & Aesthetics

来这里吧放送你的心情和眼睛，这里没有对空间过分的描眉画眼，胭脂抹粉，有的只是淳朴的空间体验，我们试着还原建筑的本来面目。

C 空间布局 Space Planning

在建筑空间的设计上，体现了建筑的本源。

D 设计选材 Materials & Cost Effectiveness

新颖的定制材料。

E 使用效果 Fidelity to Client

很好。

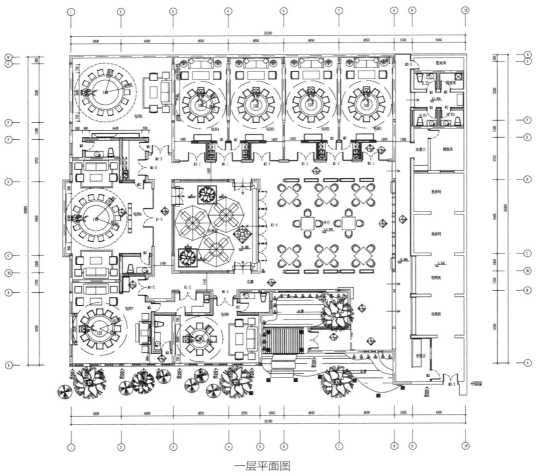

一层平面图

宴火餐厅
YAN FIRE RESTAURANT

项目名称 _ 宴火餐厅 / 主案设计 _ 徐梓铭 / 项目地点 _ 江西省南昌市 / 项目面积 _ 730 平方米 / 投资金额 _ 120 万元 / 主要材料 _ 青石板、旧木地板之类、无品牌

A 项目定位 Design Proposition
低成本装修，中餐西吃的理念。为人们提供一个吃饭和谈话的场所，整体表现出隐秘感，让人觉得在这里有话就能说。

B 环境风格 Creativity & Aesthetics
本案有很明显的中式风格，在餐厅内的桌、椅、板、凳、甚至墙壁都体现这是一家中餐厅。餐厅中略显阴暗，没有大范围照明的灯光。餐厅整体给人的感觉就是宁静，在这里有自己的独立区域，不会被打扰。

C 空间布局 Space Planning
考虑经营成本因素，必须让项目发挥最大价值优势，所以布局紧凑，动线分明。餐厅中的光线稍稍有点阴暗，然而，在每个餐桌上都有一个光源，这样有很明显的区域划分。本案分为了多个区域，每个区域用木板墙，或用黄色墙面、花瓶状洞门墙体相隔，每个区域又有不同的座位布置，材料的选择也不一样。

D 设计选材 Materials & Cost Effectiveness
再生资源选择，本案所用的材料中有很多是寻常可见的。一进门就吸引人们目光的是案台上方的几个磁碟，和两侧镂空的未粉刷的红砖墙。在餐厅中还有几面未经过粉刷的红砖墙，起隔离作用的木板墙。本案在所有的桌子上方都吊挂了一盏灯，部分区域的灯饰上采用鸟笼状显得很独特。此外，我们还可以看到许多的青色草藤，给餐厅加了一份生命气息。

E 使用效果 Fidelity to Client
业主对设计非常满意。这样的空间布局和装饰让人的感觉不同于一般的餐厅，在这里享受的是那一份宁静，是一份有话就能说的气氛。

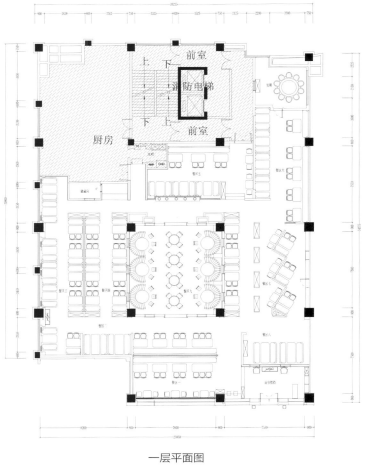

一层平面图

努力餐
NU LI CAN RESTAURANT

项目名称 _ 努力餐 / **主案设计** _ 杨刚 / **参与设计** _ 闫雯 / **项目地点** _ 四川省成都市 / **项目面积** _1000 平方米 / **投资金额** _420 万元 / **主要材料** _ 科勒五金洁具、西顿工程灯具、洛克装饰灯具、康宇铜门等

A 项目定位 Design Proposition

最大的设计策划是打造"车耀先革命文化博物馆餐厅",把原来散落在一间小屋的即将被毁掉的文史资料进行整理,扩散在整个建筑里,放大红色文化,同时也是对文化的传承和保护。市场定位为中高端餐饮。

B 环境风格 Creativity & Aesthetics

创新点上主要体现在继承传统,迎合当代,面向未来,即用现代的科技手法来展现传统的精髓,整体风格上属于新中式,同时局部展现了那个时代的装饰风格特点。

C 空间布局 Space Planning

空间布局上主要是充分利用了老建筑的建筑内部空间,与整改前的空间形态发生了很大的变化,很好的解决了在老建筑里如何计划现代化设备的问题;布局合理,功能齐备,并充分利用空气流动原理来平面布局,降级能耗。

D 设计选材 Materials & Cost Effectiveness

设计理念上坚持环保,健康和可持续。我们用废旧的办公纸张,经过搓揉、撕碎等方式进行视觉重现,并采用传统的夹江纸张制作工艺制作了特殊肌理的手工纸。用废旧的家具零部件和废旧栏杆进行二次设计,利用竹板材料等能够分解,回收的环保材料。非常注重环保和可持续性。

E 使用效果 Fidelity to Client

作品呈现后,引起了市宣传部,文物局,党史办等单位的高度重视,我们整理的文史资料也被党史办存档。市场反响很好,由于餐厅有 80 多年的历史,是在这里工作过的几代成都人的情感记忆,外地旅游大众对此也是颇感惊喜。从经营数据来讲,整修后的月营业额比之前翻了一倍。由于高端餐饮受市场大环境影响,目前整体营业基本处于收支平衡状态。

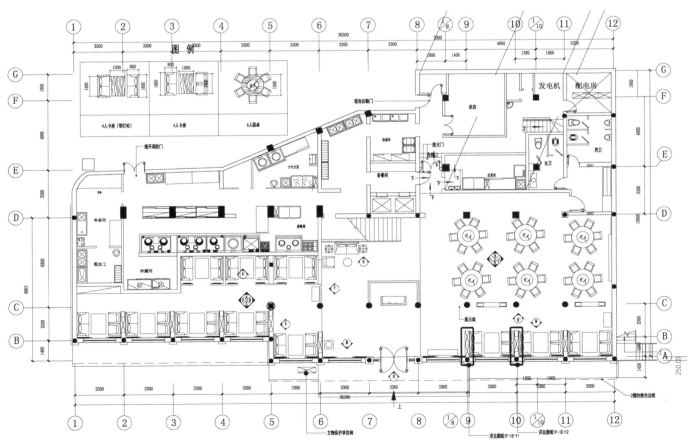

一层平面图

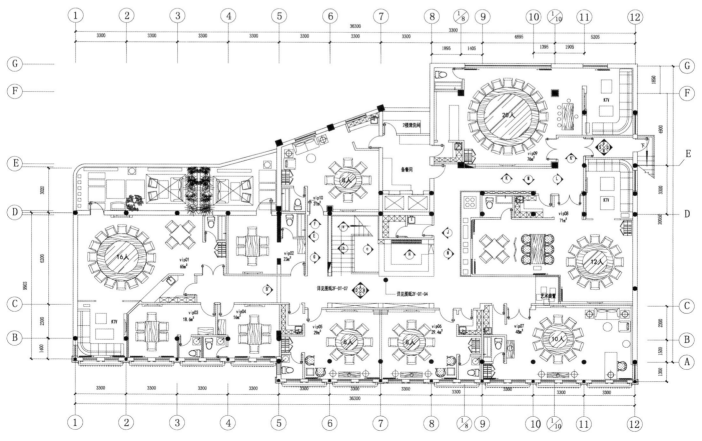

一层平面图

书语坊餐吧
BOOK LANGUAGE SQUARE MEAL

项目名称 _书语坊餐吧 / **主案设计** _温浩 / **项目地点** _山西省汾阳市 / **项目面积** _500 平方米 / **投资金额** _100 万元

A 项目定位 Design Proposition
木质的书架、砖砌的吧台、光洁的水泥地面、粗放的实木桌椅、舒适的靠垫、柔和的灯光。

B 环境风格 Creativity & Aesthetics
在这里，一个人、一本书、一茗茶或一杯纯纯的咖啡，默默沉静在书中的故事里；在这里，一家人或三五好友，边品尝着美食，边聊着刚刚看过的电影情节，有分享有感动，感受着幸福美好时刻。

C 空间布局 Space Planning
这里就是书语坊餐吧。一个有书、有茶、有咖啡、有美食、有故事的地方。

D 设计选材 Materials & Cost Effectiveness
书语坊餐吧，位于山西省汾阳市新华文化广场四楼。

E 使用效果 Fidelity to Client
满意。

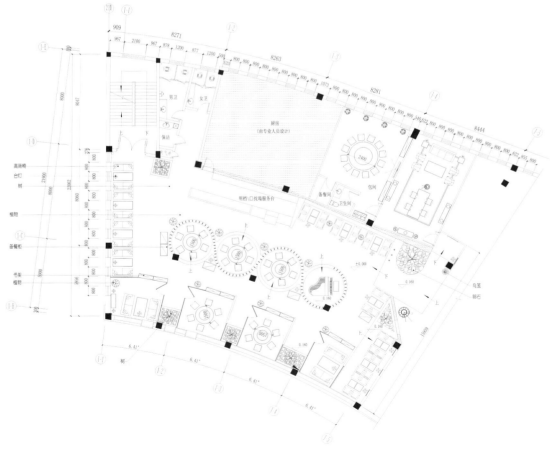

一层平面图

721 幸福牧场
721 TONKATSU RESTAURANT

项目名称 _721 幸福牧场 / 主案设计 _ 利旭恒 / 参与设计 _ 利旭恒、赵爽、季雯 / 项目地点 _ 中国上海 / 项目面积 _200 平方米 / 投资金额 _200 万元

A 项目定位 Design Proposition

生活在今天的上海有时候充满着乌托邦式的梦想，不切实际，但毫无疑问，梦想是人类最天真最无邪，一种意识里追求动力的源泉；有时候为了生存，人们每天都在重复着这些同样的事情，尽管人们从事的工作不同，然而所有的这一切无非是为了两个字"幸福"，为了吃的幸福、家庭幸福、过的幸福、活的幸福……

B 环境风格 Creativity & Aesthetics

721 幸福牧场位于上海浦东，这个年轻的烧肉品牌成立于 2012 年，一个专门生产"幸福"的牧场，希望在繁忙的上海都市中创造一个闹中取静的幸福角落，清新的牧场风格得以让人们透过窗口静观这纷扰的城市，进而帮助人们审读自我生活中，记载的各种形形色色的人们，对于美好事物有着不同的憧憬和渴望。

C 空间布局 Space Planning

对于现代餐饮空间的设计，食客心理因素要优先于生理因素来考虑，特别是在繁华的都会中心，用餐当然绝对不只是纯粹的生理行为，更多的是心理学的反射，每当用餐时刻，人们思考的除了美食之外，同时也再选择一个能让身心完全放松的空间，在饱餐一顿的时候也能得到幸福感。

D 设计选材 Materials & Cost Effectiveness

我们直接利用了餐厅室内空间的两大主题材料：橡木实木与红砖，厚重的大木门配上手工打造的生铁门把，主要意图在壅挤的上海建筑丛林中体现温馨的牧场仓库的概念形象，希望藉由牧场仓库的形象带给人们生活富足的幸福感。

E 使用效果 Fidelity to Client

牧场仓库的形象带给人们生活富足的幸福感。

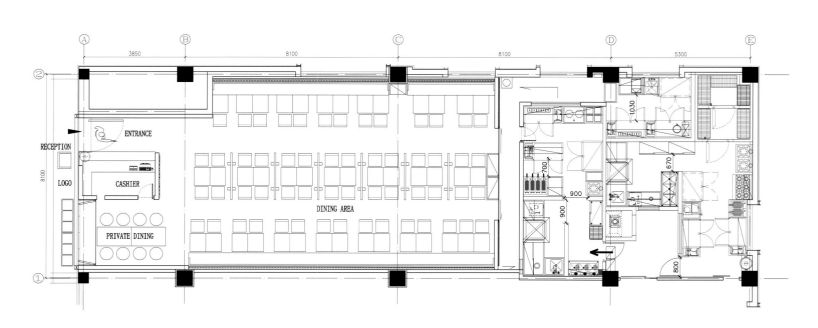

一层平面图

眉州东坡酒楼·苏州万科美好广场店

MEIZHOU DONGPO RESTAURANT,VANKE MIDTOWN.SUZHOU

项目名称_眉州东坡酒楼-苏州万科美好广场店 / **主案设计**_王砚晨 / **参与设计**_李向宁、郑春栋 / **项目地点**_安徽省苏州市 / **项目面积**_1666平方米 / **投资金额**_950万元 / **主要材料**_加绢玻璃、手工青砖、青铜屏风

A 项目定位 Design Proposition

在眉州东坡苏州首家店的空间设计中，我们以苏州古典园林为蓝本，遵循中国文人的造园理念，采用因地制宜，借景、对景、分景、隔景等种种手法来组织空间。

B 环境风格 Creativity & Aesthetics

游苏州园林，最大的看点便是借景与对景在中式园林中的应用。中国园林讲究"步移景异"，中国文人造园更是试图在有限的内部空间里完美地再现外部世界的空间和结构。园内庭台楼榭，游廊小径蜿蜒其间，内外空间相互渗透，透过精美细致的格子窗，广阔的自然风光被浓缩成微型景观，把观赏者从可触摸的真实世界带入无限遐想的梦幻空间。

C 空间布局 Space Planning

在眉州东坡苏州首家店的空间设计中，我们以苏州古典园林为蓝本，遵循中国文人的造园理念，采用因地制宜，借景、对景、分景、隔景等种种手法来组织空间。

D 设计选材 Materials & Cost Effectiveness

撷取苏州园林最精髓的视觉语言——漏窗、游廊、屏风、檀扇、案几等，运用最具苏州特色的材料工艺——绢丝、青铜、镂刻、手工青砖等，以当代视角创新重组，共同营造出曲折多变、小中见大、虚实相间的充满诗情画意的文人写意山水园林。

E 使用效果 Fidelity to Client

正如拙政园中那座著名的小亭 "与谁同坐轩"所传递出的意境，更是东坡先生"与谁同坐？明月清风我"心境之写照。

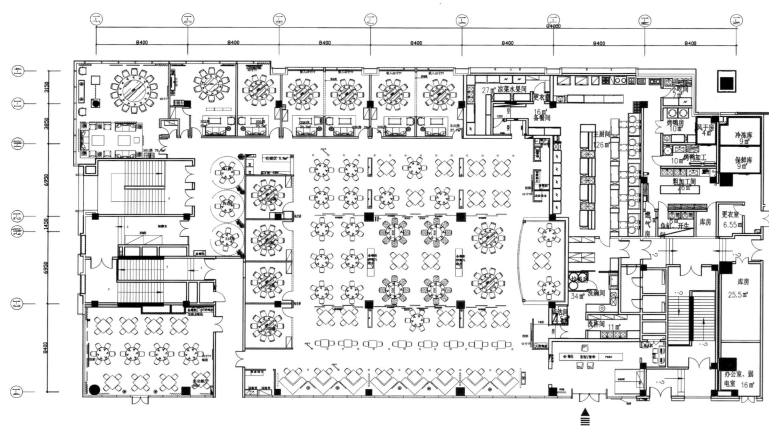

三 层平面图

香榭印象精致铁板烧
时尚餐厅
TIEBANSHAO

项目名称 _ 香榭印象精致铁板烧时尚餐厅 / 主案设计 _ 项帅 / 参与设计 _ 汪鑫 / 项目地点 _ 江西省南昌市 / 项目面积 _500 平方米 / 投资金额 _400 万元 / 主要材料 _ 沃尔达灯饰

A 项目定位 Design Proposition
随着 "概念设计" 的兴起和餐厅文化的不断发展和进步，主题式与概念餐厅也慢慢的融入到人们的生活当中，概念餐厅中的中西文化的兼并，碰撞出时尚元素的火花，本案在设计前就从铁板烧的起源开始入手，铁板烧起源于西班牙，代表着贵族的饮食生活状态。

B 环境风格 Creativity & Aesthetics
设计过种中注重材料的质感变化与对比，采用了较多的天然材质，不同于传统的时尚餐厅，而且融入了更多的时尚设计元素混搭，再加上油画的艺术性，力求营造出清新自然的另类时尚空间。

C 空间布局 Space Planning
在白色文化石天然的起伏质感与光滑的镀膜玻璃相对比，真皮的软包与斑斓的老松木地板的运用，涂鸦的时尚与铁艺的冲突，采用多种照明方式烘托气氛，让现代的年轻时尚无处不在，每个空间角落而展现出现代文明社会的产物是那么的和协。

D 设计选材 Materials & Cost Effectiveness
铁板烧力求原食材的本味追求视觉盛宴，在取名香榭印象，香榭大道属于浪漫的法国之都，而印象是中国的朦胧之美，二者的相结合打造出一个法式铁板。

E 使用效果 Fidelity to Client
业主十分满意。

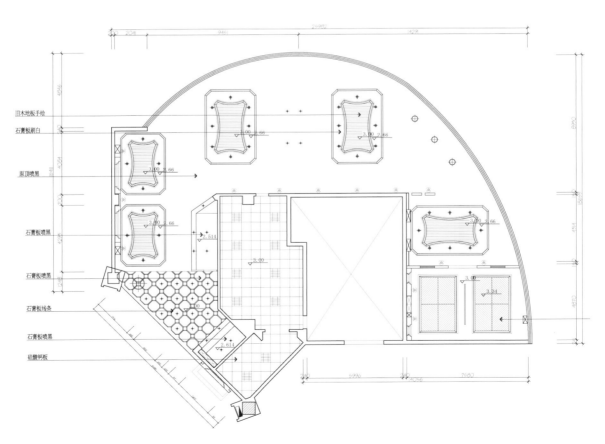

旧木地板手绘
石膏板刷白

原顶喷黑

石膏板喷黑

石膏板喷黑

石膏板线条

石膏板喷黑

硅酸钙板

一层平面图

一丘田杨梅庄园温室餐厅
YI QIU TIAN YANG MEI MANOR GREENHOUSE RESTAURANT

项目名称_富民一丘田杨梅庄园温室餐厅 / **主案设计**_陈晓丽、赵斌 / **参与设计**_周灵、杨俊义、苏赵鹏 / **项目地点**_云南富民 / **项目面积**_3200平方米 / **投资金额**_万元 / **主要材料**_压膜混凝土、埃特板、彩钢板

A **项目定位** Design Proposition
本案位于云南省昆明市富民县城郊，属于新型都市休闲农业类型。

B **环境风格** Creativity & Aesthetics
项目园区占地40亩，设计任务包括整体场地规划，温室建筑设计及室内设计，因此设计理念得到充分体现，无论是项目与周围环境的关系，还是园区内外的风格统一都追求一种都市与田园的完美融合。

C **空间布局** Space Planning
温室园林餐厅占地3182平方米，采用六边形平面布置。内部空间由中央大厅、园林景观就餐区和包房区组成，可接待600人就餐。设计赋予传统温室大棚一种活跃、动感、简洁的现代气息，赋予传统木屋现代的立面形象，两者隔水相互对话，探索出一种崭新的休闲空间形式。

D **设计选材** Materials & Cost Effectiveness
运用廉价的建筑材料和便捷的施工工艺，为疲惫紧张的都市人创造了一处和谐、轻松并不失艺术气息的田园休闲场所。

E **使用效果** Fidelity to Client
由于建筑、景观环境和室内统一在设计控制下，减少了很多不必要的装修投资及浪费，室内外互为借景，建筑和室内风格一气呵成。也许这就是设计的意义所在！